MONOGRAPHIE

DE

SAINT-PROJET

ET DE LOZE

(Tarn-et-Garonne.)

Par F. GALABERT,

CURÉ D'AUCAMVILLE

Membre de la Société Archéologique de Tarn-et-Garonne.

PÉRIGUEUX

IMPRIMERIE CASSARD FRÈRES,

Rue d'Enfer, 10, près de la Cathédrale.

—

1891

MONOGRAPHIE

DE

SAINT-PROJET

ET DE LOZE

(Tarn-et-Garonne.)

Par F. GALABERT,

CURÉ D'AUCAMVILLE

Membre de la Société Archéologique de Tarn-et-Garonne.

PÉRIGUEUX

IMPRIMERIE CASSARD FRÈRES,

Rue d'Enfer, 10, près de la Cathédrale.

1891

PRÉFACE

Les grands faits de notre histoire nationale sont connus, c'est à peine si de loin en loin les travailleurs viennent, à l'aide de documents nouveaux, y apporter quelques légères modifications ; ce qui est moins connu, c'est l'histoire locale, c'est la part que prirent les communes à la formation de la patrie, la manière dont elles se régirent, les mœurs de nos ancêtres.

L'on reconnaît aujourd'hui que pour arriver à cette connaissance, il faut étudier la vie intime et la vie communale de nos pères ; le jour où un grand nombre de monographies communales auront été écrites, bien des préventions contre le passé disparaîtront ; l'on verra que si nos ancêtres ont eu leur part de malheurs et de souffrances, ils valaient cependant plus que nous sur bien des points.

C'est pour travailler à ce résultat final que nous avons écrit la Monographie de Saint-Projet et de Loze ; sans doute ces deux communes mériteraient mieux, et il eût été bon de fouiller plus encore les dépôts d'archives ; nous regrettons que le temps et les occupations ne nous l'aient pas permis.

MONOGRAPHIE

SAINT-PROJET ET DE LOZE

(TARN-ET-GARONNE).

A l'ombre d'un château seigneurial découronné, sur une colline pierreuse en dos d'âne, s'élèvent les pauvres maisons du village de Saint-Projet, au département de Tarn-et-Garonne, dans l'ancienne province de Quercy. Quand, à une époque reculée, des hommes vinrent se grouper à l'abri d'un fort primitif, ils établirent leurs maisons sur un plan déterminé, beaucoup plus vaste que le village actuel, au bord de rues coupées à angle droit, autour d'une place principale appelée depuis place de l'hôpital ; ils construisirent église, hôpital, fontaines, le village fut prospère, ses habitants furent riches au dix-septième siècle encore, ils se titraient avec orgueil bourgeois de Saint-Projet, et même aujourd'hui les mendiants du lieu, en souvenir de la splendeur disparue, répondent fièrement à qui leur demande leur origine : *Sen de Sent-Proujet, de la bilo mémo* (1).

(1) La rivière qui, à l'ouest du village, disparaît sous une large anfractuosité, reparaît, après une traversée souterraine d'un kilomètre, au pied des grottes de *Sent Gély* en la commune de Loze ; celui qui écrit ces lignes a visité le premier ces grottes avec la nappe d'eau jusqu'à la distance d'environ 400 mètres ; à cet endroit, la nappe sourd du rocher et il est impossible d'aller plus loin.

On trouve des traces de la civilisation gallo-romaine au Grand-Cartayrou, que l'on prétend être l'assiette d'un camp romain; des briques à rebord au *pech de Larca*, et surtout à Planart.

Au fond des bois de Cantayrac, dans la portion qui appartient à la commune de Saint-Projet, et qui sert de champ de tir à l'infanterie du 17ᵉ corps, on voit les ruines d'une église connue sous le vocable de St Aubin, et qui fut donnée à la commanderie de Lacapelle-Livron par l'abbé de La Chaise-Dieu, en 1234.

On peut admirer aussi, dans le bois de Cantayrac, la source du Fourfoul, jaillissante en hiver ; et à la Trivale l'*igue*, trou sans fond où toutes les générations ont jeté des charretées de pierres, sans le combler jamais.

Voici où commencent les renseignements certains : Alphonse comte de Poitiers et de Toulouse reçut, en mai 1259, la reconnaissance de Guillaume de Caraigue, chevalier, pour la moitié des *airals* lui appartenant dans le lieu de *Saint-Progteg* (1). A la mort d'Alphonse, Saint-Projet passa à la couronne. En 1290, Philippe-le-Bel donna la seigneurie de Saint-Projet et de Loze à Jean de Jean, damoiseau (2). D'après une généalogie manuscrite, ce seigneur aurait appartenu à une famille déjà illustre ; il serait fils d'Antoine de Jean, chevalier, quiaurait accompagné, en 1248, le roi saint Louis à la croisade, qui aurai pris part à divers combats et aurait été fait prisonnier à La Massoure. De retour dans sa patrie, pour remercier Dieu de sa délivrance, il aurait bâti le couvent des Carmes de Cahors, et l'aurait doté magnifiquement (3).

D'après Lacoste, l'historien du Quercy, les Jean auraient eu pour tige Benoît ou Bertrand, qui suivit l'évêque de Cahors à la croisade contre les Albigeois, en 1209, et qui reçut pour prix de ses services et de ses exploits (*pro remuneratione laborum fortissimarumque actionum in bello sacro contra Albigenses*), la terre des Joannies, ou Junies, ainsi appelée du nom de son nouveau seigneur (4).

Le même historien prétend que Eugène et Gilbert de Jean, qui étaient allés en Terre Sainte avec Saint-Louis, introduisirent à Cahors un des religieux du Mont Carmel que ce prince avait conduits avec lui dans son royaume ; ils lui auraient élevé un grand monastère avec une belle église, dans leur jardin à Cahors, à l'aide des dons de l'évêque et de quelques particuliers (5).

(1) Archives nationales, **JJ.**, **XII.** d'Airal, terme roman qui signifie emplacement de maison.

(2) Archives communales de Loze. Partage des communaux en 1793.

(3) *Documents historiques sur le Tarn-et-Garonne,* par F. Moulenq, art. Saint-Projet.

(4) *Histoire générale de la province de Quercy,* t. 2, p. 181.

(5) *Histoire générale de la province de Quercy,* t, 2, p. 302.

Ce qu'il y a de certain c'est que les Jean ne durent pas être étrangers à la fondation dudit couvent, car on y célébrait un obit fondé pour cette famille, obit que les divers membres mourants augmentèrent à l'occasion. On pourrait croire que le damoiseau Jean de Jean aurait été le premier de sa race, attendu que, en 1301, le roi fit racheter par son sénéchal la bastide de Fortaner de Gourdon parce que ledit Jean était un simple bourgeois de Cahors (*burgensis de Cadurco ignobilis*) (1) ; on trouve aussi des lettres d'anoblissement données par Philippe-le-Bel en 1310 en faveur de Jacques de Jean (2), mais il nous semble qu'il ne faut voir là qu'une confirmation de noblesse.

Quoiqu'il en soit, que les Jean aient été jusqu'alors bourgeois ou nobles, peu nous importe ; ils appartenaient certainement à une famille marquante, avant toutes lettres de noblesse ; le pape Jean XXII, qui se garda bien de négliger ses parents, amis et compatriotes, allait y prendre un de ses cardinaux. Gaucelin de Jean, cardinal-évêque d'Albano, vice-chancelier de l'Eglise romaine, fils de Marguerite d'Euze, sœur du pape, fut nommé en 1334, avec Pierre Des Prez, évêque de Palestrina, commissaire général pour réformer l'Université de Toulouse (3).

A la même famille les historiens de Languedoc rattachent les autres prélats qui suivent, lesquels s'assirent successivement sur le siège de Carcassonne :

Pierre de Jean, 1330-1337 ; Gaucelin de Jean, cousin du précédent, neveu du cardinal, 1337-1347 ; et Gilbert de Jean, 1347-1351 (4) ; et il faut peut-être y rattacher aussi Benoît de Jean, dit de Saint-Morris, qui en 1493 disputa le siège épiscopal de Cahors à Antoine de Luzech, et à qui, en 1501, fut promis un dédommagement que nous ne connaissons pas (5).

(1) *Olim*, III, 107, 108.
(2) Archives nationales.
(3) *Histoire de Languedoc*, éd. Privat-Pierre Dès Prez était issue des seigneurs de Montpezat.
(4) *Histoire de Languedoc*, éd. Privat, t. IV.
(5) Histoire des évêques de Cahors, par Lacroix et Ayma.

Avec de pareilles illustrations, la famille du premier seigneur de Saint-Projet faisait assez belle figure, et lui-même pouvait se passer d'ayeux. Toutefois, s'il ne fut pas lui-même de noble lignée, ce damoiseau fit souche de nobles gens. En 1339, son fils noble Raymond est titré seigneur de Saint-Projet, de Pers et de La Roque de Loze ; il prit part aux combats qui marquèrent les débuts de la guerre de Cent ans ; il combattit en Gascogne avec chevaux, armes et varlets, et en 1343 le lieutenant du roi, Jean de Marigny, évêque de Beauvais, lui délivrait, à cet effet, un mandat de 546 livres de gages ; le sénéchal du Rouergue, Guillalmon de Lafon, seigneur de Durfort, ne pouvait l'acquitter attendu que le trésor royal était à sec, mais il s'engageait, en son privé nom, devant Pierre Raygade, clerc du seigneur de Saint-Projet, le lundi avant la Saint-Simon et Saint-Jude, à lui payer 100 livres par an (1).

En 1344, noble Béraud de Jean, fils du precédent, afferme les revenus de son prieuré de Saint-Pierre de Livron, pour la somme de 210 petites livres tournois, plus un supplément de 60 sols destiné à acheter des joyaux à dame Bertrande, sa mère (2).

Quand le traité de Brétigny eut livré le Quercy aux Anglais, *Johan seigneur de Saint-Prégeck*, prêta hommage à Edouard III, roi d'Angleterre, le 10 août 1363, dans l'église Saint-Front de Bergerac (3).

A la date de 1393, comtesse de Jean, religieuse du Monastère de Saint-Marcel du Pouget, de l'ordre des Clarisses, vendit pour 4 livres 10 sols le péage et le bailliage de Saint-Projet et de La Roque de Loze (4).

Les bandes anglaises, qui, vers 1383, se rendirent maîtresses de Puylagarde, maltraitèrent les habitants de

(1) Minutes de Pierre Gros, not. de Caylus déposées par nous aux Archives départementales.

(2) Minutes de Pierre Gros, notaire, déposées par nous aux Archives départementales.

(3) *Collection générale de documents français*, par Delpit.

(4) Minutes de Durand de Trilhia, not. de Caylus, déposées par nous aux Archives départementales.

Saint-Projet, emmenèrent captifs cinq femmes et plusieurs hommes. Les consuls du lieu, avec celui de Loze, durent traiter avec le sieur de Curton, un des chefs de ces bandes (1) ; et encore, en 1437, ils payèrent une contribution de guerre de 17 moutons d'or et 12 gros pour une *sufferta* (traité assurant une tranquillité relative) que le seigneur de Luzech avait obtenu pour eux des Anglais (2).

Les Jean ne cessèrent point, malgré cela, de posséder la seigneurie ; le 16 mars 1418 Jean de Jean, seigneur de Saint-Projet, Loze et Labastide-Marsa, vendit des rentes à Pierre de Palhayrols, de Caylus, son beau-frère.

En 1443, le seigneur de Saint-Projet donna aux habitants de la seigneurie, la jouissance du Cartayrou, contenant 29 séterées ; le 3 septembre 1447 il bailla tout le bois ou forêt de Cantayrac, en se réservant un cens annuel de 36 livres, dont 6 pour le Cartayrou, et 3 livres d'acapte, plus une somme une fois payée de 38 écus d'or (3).

En 1626, à la suite d'une contestation entre les deux communautés de Loze et de Saint-Projet d'un côté et le seigneur de l'autre, le Parlement de Toulouse décida que si le bois de Cantayrac venait à être défriché, les habitants de Loze auraient la moitié des revenus, ceux de Saint-Projet l'autre moitié ; néanmoins cette même année les habitants de Saint-Projet le baillèrent à ferme, sans la participation de ceux de Loze, à condition que la communauté de Saint-Projet aurait les deux tiers, celle de Loze le tiers.

Le Cartayrou fut défriché à la suite du bail de 1443, mais ces terrains pauvres donnaient d'autant moins de revenu, que les fermiers annuels n'osaient amender la terre de peur que les engrais ne profitassent à d'autres enchérisseurs.

(1) Archives communales de Puylagarde.

(2) Minutes de Guilhem Picherel, not. de Caylus, déposées par nous aux Archives départementales.

(3) Archives de la commune de Loze. Partage des communaux en 1793.

Le bois de Cantayrac contenant 143 séterées ne fut point défriché, les deux communautés retiraient de l'afferme un beau denier, soit 4888 livres pour quatre ans en 1658, sans compter le droit de dépaissance pour tous les habitants.

En 1793 les communaux furent partagés en trois lots, un pour Saint-Projet, un pour Loze, un pour Saillagol, et chaque habitant eut sa portion. De ces portions à peine quelques-unes ont pu être mises en culture, le droit de pâturage a disparu, les deux communes auparavant riches n'ont plus d'autre ressource que l'impôt ; ici comme ailleurs c'est le pauvre qui, croyant gagner au partage des communaux, en pâtit le plus.

Le 15 avril 1444 Olivier de Jean reçut l'hommage de Jean de Bérald pour la terre de Saillagol. La haute seigneurie de Saillagol appartenait en effet aux Jean, seigneurs de Saint-Projet et Loze, mais le domaine utile appartint aux Bérald, seigneurs de Paulhac, (près de Verfeil en Rouergue), et de Jamblusse, en Quercy ; c'était une famille ancienne qui avait donné naissance à Pierre de Bérald, évêque d'Agde en 1342, et qui, dans la personne de Pierre de Bérald, avait déjà fait hommage pour la terre de Saillagol, à noble Quillan de Jean, le mardi avant la Dédicace de Saint-Michel 1351 (1).

Le village de Saillagol fut entièrement ruiné par les incursions multipliées des Anglais, il ne resta qu'une femme appelée la *Salhagola* ; une salle basse, embryon de château, ne put mettre à l'abri les habitants, qui s'enfuirent. Quand, après les conquêtes de Jeanne d'Arc, le calme fut revenu dans le pays, Jean de Bérald, voulant remettre ses terres en culture, en fit douze portions et les bailla à cens, moyennant 30 setiers de froment et 8 mesures d'avoine, à la mesure de la Roque de Loze, 8 poules et 4 livres de cire marchande, à douze emphytéotes qui ne tardèrent pas à diviser entre de nombreux censitaires les terres qu'ils venaient d'acquérir. Ces derniers accoururent

(1) *Documents historiques sur le Tarn-et-Garonne*, par F. Moulenq, art. Saillagol. — Saillagol est le diminutif du nom de Saillac que porte le village voisin, et dont l'étymologie, *saliens aqua*, eau jaillissante, se justifie par ses belles nappes d'eau.

surtout du Rouergue, notamment d'Orlhonac et de Rieu-peyroux (1). Toutefois la délimitation laissait à désirer, tout au moins le souvenir et les traces en étaient perdus ; il y eut des contestations à ce sujet entre Jean de Bérald et le seigneur de Saint-Projet ; ce dernier prétendit que ses possessions arrivaient jusqu'à la *strata* ou estrade (2) Des saisies eurent lieu ; on allait procéder, quand il fut décidé de remettre l'affaire à un arbitrage.

Le 2 mai 1458 les deux arbitres Jean Barrau, riche bourgeois de Loze, et Jean Mayranh, notaire de Caylux, s'adjoignirent comme tiers arbitres et avec pleins pouvoirs, nobles Guillaume de Bérald et Jean de Jean, frère du seigneur de Saint-Projet. Les contendants promirent devant eux de s'en tenir, à peine de 10 marcs d'argent applicables à l'église de Saillagol, à la décision qui serait portée.

Le même jour les arbitres, assis sur une pierre à la manière des anciens, ayant fait le signe de la croix, prononcèrent cette sentence : « Il y aura bonne et durable paix entre les contendants ; toutes les saisies faites à l'occasion de ce débat sont annulées ; pour les frais, *que mes a, mes aja*, (à chacun les siens) ; la limite partira du bois de Cantayrac, passera par le *Cloup dorsal* suivant les jalons posés, pour arriver au chemin qui va de Saint-Projet à Saillagol ; deux prêtres amis des parties, Géraud Bernon, recteur de Félines en Rouergue, et Pierre Delbreil, recteur de Saint-Projet, poseront les bornes ; les deux seigneurs donneront 2 écus aux arbitres pour leurs peines. » (3).

La seigneurie directe de Saillagol advint à Antoine de Murat de Lestang, par son mariage en date du 18 juin 1581 avec Jeanne de Bérald, fille unique d'Antoine seigneur de Paulhac, Jamblusse, Belpech (4).

(1) Minutes de Jean de Boria, notaire de Caylux, déposées par nous aux Archives départementales.

(2) La *strata* ou estrade désigne les chemins construits par les Romains ou à la manière romaine, avec de larges dalles ; tel est à Loze et à Saint-Projet le chemin appelé encore aujourd'hui l'Estrade.

(3) Minutes de Jean de Boria, déjà mentionnées.

(4) Minutes de Jean de Boria, déjà mentionnées.

A partir du dix-septième siècle Saillagol eut une représentation consulaire distincte, quoique le consul fût choisi avec ceux de Loze et Saint-Projet sur la place de l'Hôpital.

L'église de Saillagol était une annexe de celle de Loze ; elle fut donnée en 1240, par Guillaume abbé de Conques, sous une censive de 5 sols caorsins à la commanderie de Lacapelle-Livron (1). Ruinée pendant les guerres anglaises, rétablie après, le vicaire Raymond Muratet y reçut un testament, à défaut de notaire, en 1489 (2) ; elle avait trois travées très basses, un chevet plat ; on voit à une clef de voûte un écusson portant 4 fasces ou trangles, et en chef la croix de l'ordre de Saint-Jean de Jérusalem. Une nouvelle église a été jetée à cheval sur l'ancienne ; le 25 décembre 1880, pendant les vêpres de Noël, la voûte en plâtre et brique s'effondrait tuant sept personnes et blessant un grand nombre d'autres.

En 1112 le pape Pascal donna aux chanoines de la cathédrale de Cahors les revenus de l'église de Loze (3).

Pierre de Plas, prieur du Monastère de Pons, au diocèse de Cahors, et Arnaud de Bosc, commandeur de Lacapelle-Livron, se disputaient la possession de l'église de Saint-Martin de *Bessols*, autrement dit de Loze ; une sentence arbitrale de 1236 donna gain de cause au commandeur ; et les évêques de Cahors, Barthélemy II, en 1255, et Raymond Panchel, en 1302, confirmèrent cette donation (4).

L'église paraît avoir été d'une pauvreté très grande ; elle n'avait pas de presbytère, elle en fut dotée le 31 août 1402,

(1) *Documents historiques sur le Tarn-et-Garonne*, par F. Moulenq, art. Saillagol.

(2) Minutes de Jean de Boria, déjà mentionnées.

(3) *Histoire des évêques de Cahors*, par Lacroix et Ayma, t. I, p. 249.

(4) *Documents historiques sur le Tarn-et Garonne*, par F. Moulenq, art. *Loze, Lause*, lose en roman *(Lauzerum* et *Lauzerium* en latin) désignent toute pierre plate et mince relativement à sa surface, comme dalle, pierre sépulcrale. Ce nom convient au village de Loze, où de larges dalles séparent les champs, et où d'autres plus minces, en guise de tuiles, recouvrent les maisons.

par le commandeur Bertrand d'Entraygues, et par le recteur Aranaud Descombels, sous la charge d'un obit à perpétuité, la veille de la Saint-Martin d'hiver (1).

Elle était en reconstruction à la fin du xvᵉ siècle, et le 16 novembre 1461, Guillaume Conques était chargé de lever les contributions destinées à cette œuvre. Petite, carrée, bâtie avec des murs très épais et un mortier qui émousse le fer, elle servait de fort ou refuge, quand le village était tombé au pouvoir de l'ennemi ; le clocher, avec ses trois arcades, présentait une rangée de machicoulis ; il vient de disparaître, et l'église agrandie forme un beau vaisseau avec de hautes voûtes en tuf (2).

Le 4 novembre 1591 le village de Loze fut surpris de bonne heure, à l'ouverture des portes, par les Calvinistes ; mais les habitants et soldats de Caylux, unis à ceux de Lacapelle-Livron, en chassèrent l'ennemi dans la journée (3).

Les curés de Loze, comme chapelains de Malte, devaient porter l'habit de l'ordre et la croix à huit pointes. Voici les noms de quelques-uns d'entr'eux :

Frotard de Cas, de concert avec Hugues de Santis, commandeur, et Géraud Fabre, chapelain, de Lacapelle-Livron, accorda le 30 janvier 1276, une charte de libertés aux habitants de Montricoux (4).

Macfred Grimoart, curé de Saint-Martin-de-Loze, et de l'annexe Saint-Pierre, de Saillagol, afferma, en 1301, le droit de carnelage (ou dîme des agneaux, etc.), pour 7 livres tournois (5).

Arnaud Descombels, recteur de l'église de La Roque, de Loze, et de l'église Saint-Martin, de Loze, mit, en 1391, Bernard Salesses, en possession de l'église de Puylagarde (6).

(1) Minutes d'A. de Trilhia, not. de Caylux, déposées par nous aux Archives départementales.

(2) Minutes de Jean de Boria, not. de Caylux, déposées par nous aux Archives départementales.

(3) *Notes pour servir à l'histoire de Caylux*, par M. Devals, ancien archiviste de Tarn-et-Garonne.

(4) Inventaire de Montricoux, A A, Archives départementales.

(5) Minutes de Gros, not. de Caylux, dép. pour nous aux Arch. dép.

(6) Minutes d'A. de Trilhia,   id.

Géraud Mayssac, recteur en 1451, paraît être mort de la peste en 1453.

Noble Jean Lagarde, coseigneur de Lavergne, en Quercy, fut recteur, ou vicaire perpétuel, de 1463 à 1473.

Jean de Monte Rayssano était recteur en 1474.

Pierre Pédèche précéda Guillaume Conques, qui fut recteur en 1593, et qui l'avait été de Jamblusse.

En 1653 le recteur Jean Fort afferma, au prix de 147 livres, le droit de carnelage et de traverse des agneaux, et réclama la dîme du foin dans un procès qu'il perdit (1).

En 1736 Henri de Laburgade de Belmon ajouta une cour au presbytère, et planta une vigne qui donnait à la cure annuellement quinze barriques de vin (2).

En 1791 le recteur était Alexis-Augustin Méric-Duclaux, qui rétracta le serment constitutionnel prêté en un moment de faiblesse, et se réfugia à Barcelonne.

A la Révolution, les revenus du curé de Loze et de Saillagol s'élevaient à 1470 livres, sur lesquelles il donnait 345 livres à son vicaire, à Saillagol; les revenus du commandeur se montaient à 3,000 livres.

Il y avait à la Trivale une chapelle fondée, avant 1488, par Pierre Barrau, marchand, de Loze (3), où les habitants de Saillagol chantent un *De profundis*, lors de la procession votive à Notre-Dame-de-Livron, parce qu'elle aurait été l'église primitive de leurs ayeux.

Il y a encore une chapelle de Saint-Caprais, mentionnée sous le nom de *Sent-Cambrazy*, au cadastre de 1593, restaurée naguère.

Au pied des grottes d'où jaillit la Bonnette, on voit un pan de mur de l'église de *Sent-Jély*, qui servit de chapelle aux habitants de La Roque, de Loze. Ce village disparut pendant les guerres anglaises avec la Maladrerie qu'il y avait aux Tourrettes.

(1) Cèdes de Charrié, not. de Saint-Projet, aux mains de M. Verdié, substitut à Gourdon.

(2) Registres de catholicité de Loze à la commune de Loze.

(3) Minutes de J. de Boria, not. de Caylux, déjà mentionnées.

Reprenant la série des seigneurs de Saint-Projet, nous trouvons, en 1467, noble Olivier de Jean, seigneur de Saint-Projet, Loze et Labastide-Marsa, qui engagea, de concert avec ses vassaux habitants du chef-lieu, un procès en Parlement contre le procureur royal et les habitants de Saillac ; et, à la date du 10 avril 1475, sur la place communale de Saint-Projet, les quatre consuls de Saint-Projet et de Loze, assistés de 30 conseillers-jurés, nommaient des procureurs au sénéchal dans une affaire contre L. Raymondi, notaire, et Olivier de Jean, seigneur du lieu.

Le 21 novembre 1458, Gaillard de Jean, moine du couvent de Marcillac, bailla à cens, comme prieur, à douze habitants de Loze, Saint-Projet et Beauregard, le territoire désert de Colonges, pour 32 moutons d'or et 32 gélines ou poules de rente (1).

Elie de Jean, fils de ce dernier, acquittait, en 1493, les dots de ses tantes, qui étaient entrées dans les familles de Peyralade, d'Arribat.... à Caylus.

Noble Marguerite Damier, veuve d'Olivier de Jean, fit, en 1486, son testament au château de Saint-Projet, en présence du recteur Jean Delteil et d'Antoine Delbreil, curé de Saint-Laurent ; elle voulut être ensevelie dans la chapelle de la Sainte Vierge de l'église du lieu, auprès de son époux ; elle demanda que ses obsèques fussent faites par cent prêtres ; cent prêtres devaient également être présents et célébrer la messe au service de neuvaine, et cent encore au service de bout d'an ; chaque prêtre devait toucher pour cela un honoraire de 18 deniers tournois qui nous paraissent représenter une valeur de 2 fr. 50 de notre monnaie. Elle légua 25 écus pour un obit à perpétuité que devait acquitter la consorce (2) des prêtres obituaires natifs de ce lieu. Chaque jour pen-

(1) Minutes de Forton de Pris, not. de Caylus, déposées par nous aux Archives départementales. — Colonges est un village du Lot-et-Garonne.

(2) Société de prêtres natifs du lieu, qui avait pour but d'acquitter les obits et messes de fondation alors fort nombreux, et d'assister aux services funèbres.

dant l'année du décès le saint sacrifice de la messe fut offert pour l'âme de la défunte ; et à chaque messe, au moment de l'offrande, les héritiers donnaient, suivant la coutume et les clauses du testament, au célébrant, un *péchier* de bon vin, deux deniers tournois de bon pain et un denier tournois de cire. Le jour du service de neuvaine, les pauvres de la seigneurie reçurent dix setiers de froment et deux pipes de bon vin ; pareille distribution eut lieu au bout d'an. Les bassins des âmes du Purgatoire des églises de Saint-Projet, Loze et Labastide-Marsa reçurent cinq deniers tournois chacun, et chacune des confréries de ces églises trois livres de cire. En instituant son fils Elie héritier universel, elle donna vingt sous tournois, à titre de souvenir et indépendamment de leur dot, à chacun de ses autres enfants, notamment à sa fille Flore, qui était prieure du monastère Notre-Dame de la Daurade à Cahors.

Ces donations pieuses et charitables, qui étonnent notre époque trop amoureuse de plaisir, se renouvelèrent quand mourut François de Jean, qui avait ajouté à la terre léguée par ses ancêtres la seigneurie de Montesquieu, près de Lauzerte ; lui aussi réclama, dans son testament de 1503, le concours et les prières de cent cinquante prêtres à la sépulture, autant à la neuvaine, autant au bout d'an ; l'exécuteur testamentaire fut Antoine de Luzech, évêque de Cahors, oncle du testateur (1).

Ledit évêque allait souvent visiter sa sœur, dame de Saint-Projet ; un jour de 1506 qu'il revenait de la promenade, étant dans le chemin qui mène du moulin du Devès à l'église, noble Antoine de Bérald, bachelier de l'Université de Cahors, présenta, par mains de Jean Longueville, prêtre de Paulhac, son précepteur, une requête afin qu'un bénéfice, cure, canonicat ou prébende lui fût réservé. A cette demande, l'évêque, qui était accompagné d'Antoine de Jean, chanoine de sa cathédrale, répondit que le pétitionnaire eût d'abord à se conformer aux statuts du saint concile de Bâle, ensuite de quoi l'évêque ferait son devoir. Quels étaient les

---

(1) Minutes de Jean de Borla, not. de Caylus, déposées par nous aux Archives départementales.

statuts du concile ou pseudo-concile de Bâle auxquels con-trevenait Bérald, nous l'ignorons (1).

François de Jean légua aussi par testament 30 livres tournois pour l'œuvre de l'église du lieu qu'on rebâtissait, et cela, afin que par crainte du manque de ressources, on ne fût pas tenté de la reconstruire sur des proportions moins vastes que l'ancienne. En 1505, il avait assisté au mariage de Pierre de Durfort avec Isabeau de Roquefeuil (2).

La pompe des cérémonies funèbres que l'ont vient de décrire laisse bien loin en arrière le luxe de nos enterrements de première classe ; la générosité des legs faits aux pauvres nous montre clairement que les seigneurs n'étaient pas ces brigands qu'ont dépeints les romanciers. Alors, comme aujourd'hui, plus qu'aujourd'hui, l'on prenait soin du pauvre peuple : la piété d'ancêtres qu'on dit barbares avait élevé, à Saint-Projet, un hôpital dont il ne reste peut être pas même le nom ; de plus, ces ancêtres qu'on dit si arriérés savaient lire ; et, en 1343, Pierre Raygade, d'une famille qui existe encore, remplissait les fonctions de clerc, c'est-à-dire de savant, auprès du seigneur et pour son compte.

L'église de Saint-Projet, insuffisante ou ruinée, était en reconstruction à la fin du quinzième siècle. François de Jean, seigneur de Saint-Projet, Labastide-Marsa, Montesquieu, légua en mourant 30 livres tournois pour cette œuvre ; tous les mourants avaient soin de léguer quelque somme à cette intention. Le recteur Jean Delteil y fondait une chapellenie et laissait, en 1493, la somme alors importante de 30 livres à l'effet de reconstruire l'église sur les plans et dimensions de l'ancienne ; l'année suivante Pierre Delbreil, recteur de Saint Laurent, léguait à la même œuvre une belle chasuble, et un livre imprimé *Flors dels sants*, qui nous paraît désigner la *Légende dorée*. En outre, ces deux prêtres n'eurent garde d'oublier les pauvres, et ils firent distribuer nombre de setiers de blé et plusieurs barriques de vin. Il y avait, nous l'avons vu, une consorce de prêtres libres, pour acquitter les fondations multiples et assister aux services funèbres.

(1) Minutes de N... not. à Caylus aussi déposées.
(2) Archives de M. Greil, à Cahors.

L'église de Saint-Projet est une lourde construction à chevet carré ; destinés à la défense, ses contreforts énormes devaient porter des hourds et sa voûte servir d'arsenal ; aussi récemment l'on a dû refaire cette dernière ; l'intrados a été décoré de personnages imités d'Owerbeck.

La paroisse était régie par des recteurs, notamment en 1445 par Guillaume Camy, qui eut commission de l'évêque de Cahors de faire une enquête au sujet de la résignation de la cure de Frayssinet obtenue par fraude ; en 1437, par Pierre Brenier ; de 1477 à 1493, par Jean Delteil ; en 1593, par Jean Bergounhou, originaire de Loze ; en 1689, par Antoine Muret ; en 1758, par Jean François Delrieu, docteur en théologie.

Le prieur était membre du chapitre de Cahors ; en 1370, il s'appelait Guillaume Chacquié et il affermait ses revenus pour la somme de dix francs d'or et douze croisés d'argent ; en 1487, le titulaire était Jean de Bodosquié (1), qui afferma les revenus de son bénéfice pour 140 setiers de froment ; et en 1738, Sénard (2).

La justice, à Saint-Projet, était rendue par les consuls à la suite d'une convention passée entre Jean de Jean et ses vassaux en 1398 (3) ; il est vrai qu'au seizième siècle les seigneurs étaient revenus sur cette concession ; ils avaient essayé, en effet, de supprimer cette prérogative dont jouissaient seulement les consuls des villes ou bourgs importants ; un procès fut engagé à ce sujet au Parlement de Toulouse.

Antoine de Jehan prétendait que « auxquels consuls
» comme lays, rustiques et ignares résistoit tant la disposi-
» tion du droict que ordonnances royaux..., leur ignorance
» en théorique et praticque... ; que pour les faveurs de leurs
» parentz, aliéz et amis, pour raison de quoi les crimes
» demoureroient impunis et se passeroient souventeffois

(1) Minutes de J. de Boria, not. de Caylus, dép. par nous aux Archives départementales.

(2) Cèdes Charrié, notaire de Saint-Projet, possédées aujourd'hui par M. Verdié, substitut à Gourdon.

(3) Minutes de N. Gorret, not. de Caylus, dép. par nous aux Archives départementales.

» par dissimulation, et par ce moyen les droictz du seigneur
» en arrière et sa conscience chargée. »

Malgré ces dires si plausibles, la Cour donna tort au seigneur le 29 juin 1547, et, vu les plaidoyers des 14 juin, 14 août 1535, l'arrêt du 9 septembre 1538, elle maintint les consuls de Saint-Projet et Loze, conjointement avec le baille du seigneur, en l'exercice de la justice haute, moyenne et basse, et leur permit, pour l'exercer plus commodément, de se choisir un assesseur gradué ; elle maintint aussi les autres articles de la transaction de 1398, notamment le droit pour le seigneur de porter le poêle ou dais aux processions avec les consuls en choisissant le bâton (1).

Pendant longtemps, la justice fut administrée d'après la convention sus-mentionnée, notamment en 1409 et 1433 ; mais il y eut plus tard une réforme, et au dix-septième siècle la justice était rendue par un juge au nom du seigneur marquis (2).

La Chesnaye des Bois dit que les Jehan possédèrent la terre de Saint-Projet, jusqu'à la mort d'Antoine de Jehan, baron de Saint-Projet, La Bastide-Marnhac et Montesquieu, chevalier des ordres du roi (3). D'après la *Revue nobiliaire* de Sandret, Françoise de Jehan de Saint-Projet, dernière représentante et héritière des biens de sa famille (4), les porta en dot à Flotard de Lafon, seigneur de Féneyrols, qu'elle épousa le 24 mai 1560, sous la condition que les enfants seraient substitués aux nom et armes de leur aïeul maternel. La condition fut remplie ; à dater de ce jour nous voyons cette famille prendre une dénomination nouvelle : de Lafon de Jean de Saint-Projet. Ces substitutions et additions de nom étaient fréquentes dans la noblesse, et avaient pour but de ne pas laisser disparaître avec la race un nom longtemps illustre. Nous verrons plus loin que une transformation analogue s'opéra dans la maison de Saint-Projet

(1) Arch. de Loze.

(2) Arch. de Loze, et. Cédes Carrié, notaire de Saint-Projet, aux mains de M. Verdié, substitut à Gourdon.

(3) *Dict. de la noblesse*, VIII, 356.

(4) *Revue nobiliaire*, IV, 544.

par l'alliance de cette dernière, en 1701, avec la famille du Verdier.

En vertu de la substitution susdite, nous sommes tenté de regarder comme appartenant à la famille de Lafon, et non à celle de Jehan proprement dite, les deux personnages qui suivent :

Robert de Jehan, écuyer, seigneur de Saint-Projet, qui, étant à Grenade (1), le 3 octobre 1563, fut nommé par Antoine de Lubys, chevalier, seigneur de *Cailleux*, *Prieusac* et *Varayre*, son procureur à l'assemblée où, de par le roi, devait être élu l'évêque de Cahors (2) ; et Jacques de Jehan, qui, d'après la Chronique de Jean Tarde, mourut en 1581 (3).

En 1574, le capitaine Jean de Lafon et de Jehan, seigneur de Montesquieu et de Saint-Projet, était gouverneur de Moissac (4) ; nous pensons que c'est le même Jean de Saint-Projet qui, lors de la grande émotion produite par le massacre de la Saint-Barthélemy, fut appelé, avec sa compagnie et celle du Bousquet, par les consuls de Cahors, pour défendre la ville contre les religionnaires (5).

Noble Philippe de Saint-Projet, seigneur de Montesquieu, gentilhomme ordinaire du roi, fit hommage au roi en 1607 (6) ; en 1617, il était en procès avec le chapitre de Moissac au sujet des fiefs que le chapitre disait être de sa directe et qu'il lui abandonna pour 4000 livres. Philippe continuait ce procès intenté à sa mère dame Isabeau de La Roche (7). Il avait épousé Marguerite de Cardaillac, qui était veuve en 1638 (8).

(1) Grenade, en la judicature de Rivière-Verdun, est dite aujourd'hui Grenade-sur-Garonne, département de la Haute-Garonne.

(2) Jean Algayrès, not. de Grenade.

(3) *Chronique de Jean Tarde*, chanoine de Sarlat, publiée par M. Tarde.

(4) Communication de M. Dumas de Rauly, archiviste de Tarn-et-Garonne.

(5) Lacoste, t. 4, p. 214.

(6) Arch. dép. du Lot, B. 332.

(7) Communication de M. Dumas de Rauly, archiviste de Tarn-et-Garonne.

(8) Arch. de M. Rous, au château de Fencyrols.

En 1632, noble Bernard de Lafon fut témoin au mariage de Jean de Fraust, baron de Puylagarde (1).

Le 1er janvier 1658, à Saint-Projet, sur la place de l'Hôpital, l'assemblée générale des trois communautés de Saint-Projet, Loze et Saillagol, qui composaient la marquisat de Saint-Projet, procédèrent à l'élection des consuls. Sur la liste de membres présentés en nombre double, Bernardon, juge, au nom du marquis Fabien de Lafon de Jean, choisit deux consuls pour Saint-Projet, un pour Loze, un pour Saillagol (2).

Les revenus du marquisat affermés se montaient, à cette date, à 4300 livres par an (3).

Fabien avait épousé Françoise marquise de Rilhac, qui était veuve en 1696 ; il eut de ce mariage deux filles, dont l'une, Françoise, épousa, le 7 mai 1696, Charles François d'Escars, marquis de Montal (4) ; l'autre s'unit à N. de Cieurac, (5) comte de Giversac ; et deux fils Jacques et Louis-François. Ce dernier, en qualité de cadet, prit le titre de chevalier de Saint-Projet ; il épousa damoiselle Françoise du Verdier, en 1701, à Félines, en Quercy ; nous le retrouverons plus loin.

Jacques, marquis de Saint-Projet, Rilhac, seigneur de Loze, Saillagol, Féneyrols, Jamblusse, Labastide-Marnhac, Montesquieu, Lamothe, et autres places, bailli des montagnes d'Auvergne au siège de Salers, fut marié deux fois ; il épousa, en premières noces, Anne Rose de La Roche-Bourbon-Lavedan ; en deuxièmes noces, en 1722, il épousa dame Gabrielle d'Escars, dont il n'eut pas d'enfants (6).

(1) Communication de M. Dumas de Rauly.

(2) Cédes Charrié, notaire de Saint-Projet, aux mains de M. Verdié, substitut à Gourdon.

(3) Cédes Charrié, notaire de Saint-Projet, aux mains de M. Verdié, substitut à Gourdon.

(4) P. Anselme, 9, 392.

(5) D'après les notes de M. Moulenq, il faudrait lire Cugnac et non pas Cieurac.

(6) P. Anselme, 9, 392 ; St-Allais, 4, 293, et Testament de Jacques de Lafon, dont copie légalisée est aux archives du Lot. — Gabrielle d'Escars était fille d'Annet, marquis d'Escars, baron de La Mothe, Saint-Cézert, Aucamville... Dans la *Monographie d'Aucamville* nous avons dit, par erreur, qu'elle avait épousé un Saint-Projet, du Périgord. Cette dame fut marraine d'une cloche que l'on voit encore à l'église de Loze, et dont le commandeur Henri de Moreton-Chabrillan fut parrain.

Ayant retrouvé dans les archives de sa famille la trace d'une chapellenie fondée par testament d'un de ses ancêtres, Arnaud de Lafon, dans son château de Féneyrols en 1449, il résolut de la faire revivre ; il en obtint de l'évêque de Rodez le transfert à Saint-Projet ; il se proposait le 11 octobre 1694 d'affecter à cette fondation une rente de 120 livres assise sur quelques pièces de terre (1) ; il reprit ce projet peu avant sa mort, et en laissa, par testament, l'exécution à son fils. Il mourut le 20 mars 1740, à l'âge de 77 ans, et fut enseveli le surlendemain dans la chapelle Notre-Dame de l'église de Saint-Projet, au tombeau de ses ancêtres (2).

Il avait fait le 6 août 1736 un testament qu'il fit remettre à ses beaux-frères Jacques Bonaventure d'Escars de Montal et le comte de Giversac ; ce testament fut ouvert à Toulouse, le 8 septembre 1740 ; après avoir récompensé tous ses serviteurs, il institua héritier universel son fils Charles Joseph, qui, le 7 juillet 1722, avait épousé Elisabeth de Lostange de Saint-Alvère ; et il confirma la donation qu'il lui avait faite de la moitié de ses biens et de la moitié de ses dettes ; à défaut d'enfants mâles issus de ce mariage, il substitua François-Louis de Lafon de Jean, chevalier de Saint-Projet, son frère, et ses enfants mâles ; à défaut d'héritiers du nom, il substitua, en second lieu, Emmanuel de Cieurac, comte de Giversac, son neveu, à condition qu'il prendrait ses noms et armes ; et, en troisième lieu, Joseph Bonaventure, marquis d'Escars (3).

De son mariage avec Anne Rose de La Roche-Bourbon-Lavedan, il avait eu un fils : Charles Joseph de Lafon de Jean, chevalier, marquis de Saint-Projet et de Rilhac, Montesquieu, Féneyrols, Lamothe, Labastide, Doignon (?), Pleaux, Saint-Julien, vicomte de Lavedan, baron de Barbazan, premier baron de Bigorre, qui demeurait ordinairement dans son château de Saint-Projet (4),

(1) Original aux mains de M. Verdié, substitut à Gourdon.

(2) Reg. du greffe du tribunal civil de Montauban.

(3) Copie du testament légalisée, aux archives du Lot.

(4) Cédes Charrié, notaire de Saint-Projet, aux mains de M. Verdié, substitut à Gourdon.

épousa le 7 juillet 1722, Elisabeth de Lostange de Saint-Alvère (1).

Les possessions de ce dernier étaient très considérables, mais les dettes contractées par son père l'écrasaient ; à tout moment, il réclamait des avances à ses fermiers et des délais en Parlement, pour le paiement de ses dettes et lettres de change. Aussi, après sa mort, arrivée le 8 mars 1752 (2), les biens dépendant de sa succession furent vendus judiciairement ; et sa veuve, en vertu d'un arrêt du Parlement de Toulouse rendu le 18 mai 1763, se rendit adjudicataire des terres de Saint-Projet, Loze, Saillagol ; elle reconnut les tenir du roi le 13 février 1771 ; elle transmit le marquisat de Saint-Projet à Henri de Lostanges, marquis de St-Alvère, qui le possédait en 1789 (3).

Charles Joseph n'ayant pas laissé d'enfants, noble Louis François de Lafon de Jean, chevalier de Saint-Projet, son oncle, ou les enfants de ce dernier, appelés par substitution en vertu du testament de Jacques, auraient dû lui succéder dans le marquisat. Pourquoi n'en fut-il pas ainsi ? Nous pensons que sa situation pécuniaire n'était pas plus brillante que celle de son frère ; en qualité de cadet, il n'avait eu qu'une faible légitime ; il lui aurait fallu plaider et surtout financer pour couvrir les dettes. Les ressources lui manquèrent, il perdit ainsi ses droits, et ses descendants, plus malheureux, perdirent même leur nom. De son mariage contracté à Félines le 18 novembre 1701 avec damoiselle du Verdier (4), il eut, le 2 novembre 1702, un fils qui fut baptisé et enregistré sous le nom de Jean du Verdier de Saint-Projet (5) ; celui-ci épousa, le 21 juin 1729, à Félines,

(1) Test. de Jacques de Lafon, aux arch. du Lot.

(2) Registre du greffe du trib. civil de Montauban.

(3) Documents sur le Tarn-et-Garonne, par F. Moulenq, art. Saint-Projet.

(4) Etat civil de la commune de Prudhomat, arrondissement de Figeac.

(5) Etat civil de la commune de Prudhomat, arrondissement de Figeac.

Catherine fille de Jean Solinhac (1), d'où naquit, le 11 novembre 1731, Jean du Verdier de Saint-Projet (2) ; il eut pour parrain Charles de Lafon, marquis de Saint Projet et de Rilhac, et pour marraine Marie de Fumel. C'est lui qui aurait dû réclamer l'héritage de son cousin et parrain ; mais s'il y pensa il n'était guère en mesure de le faire, car, dérogeant pour avoir de quoi vivre, il s'était fait marchand (3). C'est, en effet, sous le titre de JEAN VERDIÉ, *marchand, âgé de 34 ans environ, fils légitime de Jean Verdié et de Catherine Solinhac*, qu'il épousa, le 2 mars 1767, Elisabeth Viroles (4) ; son arrière-petit-fils, Auguste Verdié, substitut du Procureur de la République près le tribunal de Gourdon, est en instance pour obtenir la rectification de son nom, et pour relever les noms et armes des Lafon de Jean de Saint-Projet.

Le château, dont la masse encore imposante domine le village, fut vendu nationalement 3,000 francs ; les combles furent démolis, une tour abattue parce que les archères étaient dans la direction de la maison du procureur de la commune ; les archives même communales servirent à un immense auto-da-fé, et il n'en reste plus que quelques registres de l'Etat dit Civil.

Au dessus d'une porte à contre-courbe, au nord du château, on distingue dans son écusson un aigle martelé.

Les armoiries des Jean étaient : *d'azur à l'aigle éployé d'or, au chef de gueules chargé de trois fleurs de lys d'or*.

(1) Etat civil de la commune de Prudhomat.
(2) Etat civil de la commune de Prudhomat.
(3) « Déroger, faire une chose qui entraînait la perte des droits et » des privilèges de la noblesse. — Déroger en se mettant dans le » commerce ; le noble qui commerçait n'était plus noble. » (Littré.) — « Prendre des terres à ferme, tenir boutique, etc., était autrefois » déroger à la noblesse. » (Larousse.)
(4) Etat civil de la commune de Prudhomat. Le contrat de mariage passé le même jour devant Mᵉ Chaumeil, notaire, porte « Jean du » Verdier, fils légitime à autre Jean et à Catherine Solhiniac. »

Périgueux. — Imprimerie Cassard frères, rue d'Enfer, 10.